老年宜居环境建设系列丛书

适老社区环境营建图集

——从 8 个原则到 50 条要点

周燕珉　秦　岭　著

全国老龄工作委员会办公室

清华大学建筑学院　周燕珉居住建筑设计研究工作室

联合组织编写

U0254137

中国建筑工业出版社

图书在版编目（CIP）数据

适老社区环境营建图集：从8个原则到50条要点 / 周燕珉，
秦岭著.—北京：中国建筑工业出版社，2018.10
（老年宜居环境建设系列丛书）
ISBN 978-7-112-22659-7

Ⅰ．①适⋯　Ⅱ．①周⋯②秦⋯　Ⅲ．①老年人住宅—社区—
居住环境—建筑设计—图集　Ⅳ．①TU241.93

中国版本图书馆CIP数据核字（2018）第205466号

责任编辑：费海玲　焦　阳
责任校对：王宇枢

老年宜居环境建设系列丛书
适老社区环境营建图集——从8个原则到50条要点
周燕珉　秦岭　著
全国老龄工作委员会办公室
清华大学建筑学院　周燕珉居住建筑设计研究工作室
联合组织编写
*
中国建筑工业出版社出版、发行（北京海淀三里河路9号）
各地新华书店、建筑书店经销
北京点击世代文化传媒有限公司制版
天津图文方嘉印刷有限公司印刷
*
开本：787×960毫米　1/16　印张：5½　字数：76千字
2018年12月第一版　2018年12月第一次印刷
定价：55.00元
ISBN 978-7-112-22659-7
（32763）

序

　　城乡社区是社会治理的基本单元，是支持老年人居住、出行、就医、养老及融入社会的重要基础。《中华人民共和国老年人权益保障法》规定，国家推动老年宜居社区建设，引导、支持老年宜居住宅的开发，推动和扶持老年人家庭无障碍设施的改造，为老年人创造无障碍居住环境。现实中，社区发展并不均衡，一些先进社区确实以人为本、品质卓越，而更多社区的建设状况与老年居民的期盼还存在较大差距，是宜居环境建设的突出短板。

　　为更好地推进老年宜居环境建设，全国老龄工作委员会办公室委托清华大学建筑学院周燕珉居住建筑设计研究工作室，编写出版了《适老社区环境营建图集——从 8 个原则到 50 条要点》，通过 8 个原则、50 条要点，为社区工作者、物业管理人员、设计人员和施工团队，详细解读了从社区规划到关键节点适老化改造的诸多单元，具有很强的专业性、可读性、操作性，是一本"拿来就能用"的好书。

　　当前和今后一段时期，国家在不断完善老年宜居环境建设评价标准体系，开展"老年友好型城市"和"老年宜居社区"建设示范行动。伴随全面建成小康社会、建设社会主义现代化强国进程，"老年人生活圈"更加优质，大部分老年人的基本公共服务需求能够在社区得到满足，将逐步建成一批达到老年宜居条件的城乡社区，不断满足更多老年人对美好生活、幸福晚年的期待。

全国老龄工作委员会办公室

引 言

老年宜居环境理念与适老社区环境营建需求

一、老年宜居环境理念

老年宜居环境理念来自于国内外对宜居城市、人居环境的探讨，特别是国际社会对于老年友好型城市的积极推动。2006 年，世界卫生组织提出了"老年友好型城市"的理念，旨在帮助城市老年人保持健康与活力，消除参与家庭、社区和社会生活的障碍，形成对老年人友好的城市环境。在这一理念的推动下，全国老龄工作委员会办公室于 2008 年在国内率先提出了"老年宜居"的概念，并积极推动老年宜居环境建设。

老年宜居环境指适应包括老年人在内的各年龄人群，围绕居住和生活空间的各种环境的总和，狭义的老年宜居环境是指居住的实体环境，广义的老年宜居环境则是指社会、经济和文化等方面的综合环境，其建设目标是优化老年人的健康条件、参与机会和安全保障，提升老年人生活质量。从建设内容来看，老年宜居环境建设包括空间建设和社会建设两个方面。从建设单元来看，老年宜居环境可分为区域、城镇、社区三个层次，其中社区宜居环境是老年宜居环境的微观基础，是实现老年人在地老化的基本保障。本书内容就重点聚焦在社区层面的空间环境建设。

二、适老社区环境营建的需求

在我国"居家为基础、社区为依托"的养老服务体系当中，绝大多数老年人将通过家庭照护和购买社会化养老服务等方式实现社区居家养老，因此社区是老年人最主要的居住生活空间载体。相比于其他年龄段的社区居民，老年人在社区环境中的活动频率更高、停留时间更长，因此社区环境的营造应充分考虑老年人的使用需求，做好适老化设计。

然而，由于在我国现行的居住区规划设计规范标准当中，尚未对社区环境的适老化设计做出系统、明确的要求，目前大多数社区环境都缺乏适老化的设计考虑，已无法很好地满足老年人的活动和出行需求。尤其是一些建成年代较早、设施较为陈旧的老小区问题最为突出，社区适老环境的建设现状不容乐观。

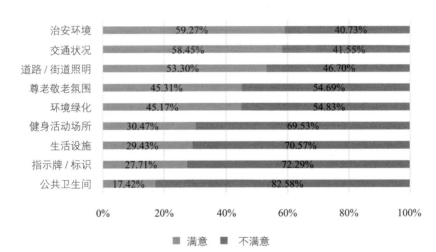

图 1　老年人对各项社区环境的满意度

（数据来源：第四次中国城乡老年人生活状况抽样调查）

第四次中国城乡老年人生活状况抽样调查数据显示，老年人对社区环境中各个项目的满意度普遍较低。九个选项当中，治安环境的满意度最高，不足六成，公共卫生间的满意度最低，仅为 17.42%，各个项目的满意度水平均有待提升。

另有数据显示，社区中无障碍设施的配置比例较低，近六成社区未配置任何公共无障碍设施。仅两成社区配置有坡道和清晰的标识，而无障碍电梯的配置比例仅为 4.2%。不同类型社区中无障碍设施的配置状况差异较大，新建商品房小区和保障房小区配置比例相对较高，而老旧社区配置比例则相对较低。

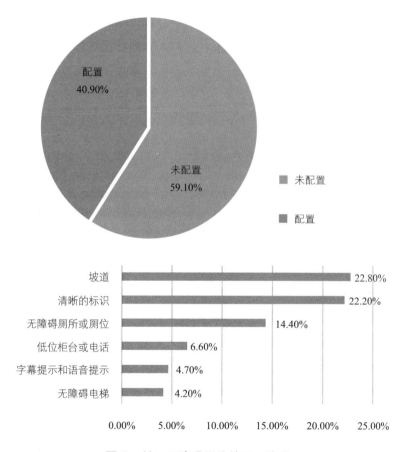

图 2　社区无障碍设施的配置状况

（数据来源：第四次中国城乡老年人生活状况抽样调查）

由此可见，我国社区环境不宜居、不适老的现状问题突出，亟待改善。对于新建小区，应在规划设计阶段就对环境的适老化设计给予充分考虑。对于既有小区，近年来各地已陆续展开了老旧小区的更新改造工程，建议借助此次改造机会，将适老化改造同步进行，从而给包括老年人在内的小区居民提供更大的便利。

针对适老社区环境的建设需求，本书总结了 8 个基本原则和 50 条设计要点，供包括社区工作者、物业管理人员、设计人员和施工团队等在内的广大读者参考。

目　录

一、适老社区环境营建的 8 个原则

原则 1：整体性原则

原则 2：便捷性原则

原则 3：安全性原则

原则 4：适用性原则

原则 5：舒适性原则

原则 6：参与性原则

原则 7：丰富性原则

原则 8：通用性原则

原则1：整体性原则

住区环境是一个有机的整体，由建筑、道路、景观、标识、照明等多种元素共同组合而成，在进行社区环境的适老化设计或改造时，仅考虑局部或单一元素的适老化是不够的，需要系统规划，全面考虑。

例如，社区当中的无障碍通道和无障碍设施应系统、连续；在老人住房、走廊、楼栋出入口、室外活动场地、公共服务设施和社区大门等重要空间节点间形成完整的无障碍通路，并与城市的无障碍系统顺畅连接，以满足老人的无障碍出行需求。图1-1所示的社区用房建筑入口虽然设置了无障碍坡道，但入口处设有门槛，无法实现真正的无障碍通行，这就违背了整体性原则，有待改造。

图1-1　建筑门前虽设有坡道，但入口设置门槛，无法实现无障碍通行

具体到每个节点的设计亦是如此，例如无障碍坡道的设计就需要从坡道的形式、坡度、材质、扶手配置、夜间照明、标识系统等诸多方面进行系统、周

全的考虑，任何一个环节出现疏漏，都有可能带来安全隐患，难以实现真正的无障碍。

因此，适老社区环境建设需遵循系统性原则，统筹整体与落实细节同等重要。

原则2：便捷性原则

随着身体机能的衰退，老人步行出行的速度、耐力、距离和范围会受到一定程度的限制，对于大多数老人来说，一次出行的最大步行半径在800m左右。因此，步行流线的设计应尽量近便，各类活动场地和配套服务设施应布置在邻近且易于到达的位置。

例如，调研时发现，很多社区居民在出行时都希望能够"抄近道"，行动不便的老人更是如此，然而很多居住区的道路设计并没有顺应人们在这方面的需求，可以明显观察到人们放弃已铺装好的人行道而选择最便捷路线的现象。这些"捷径"虽然大大缩短了通行距离，但往往并不是正规的人行道路，很多是草坪或土路，存在较大的安全隐患。为了能够给社区居民提供安全的"捷径路线"，在规划设计中，社区主要承担交通功能的人行道路，如连接住宅楼栋出入口与小区大门、室外活动场地、公共服务设施的人行道路，应尽可能做到流线便捷，避免绕行，以缩短老人日常出行的距离。可预先结合居民的出行活动需求判断"捷径路线"，并将其反映到道路系统的设计当中。

又如，随着身体机能的衰退，一些老人可能会出现尿频尿急的症状，目前很多小区当中并没有设置公共卫生间，老人在室外活动时如果需要如厕，必须返回自己的家中，非常不便，尤其是对于一些行动较为困难的老人来说，如厕不便的问题将有可能影响他们参与室外活动的时间和积极性。因此，社区中应考虑设置公共卫生间，并满足适老化和无障碍设计要求，以方便进行室外活动的老人就近如厕。

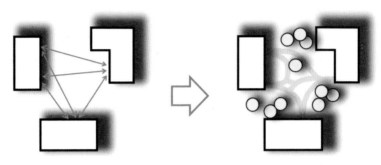

图1-2 按照便捷路线铺设的步行道能够方便人们的使用

此外，超市、菜市场、社区卫生服务站等配套服务设施也应尽量设置在老人步行可达的空间范围内，以方便老人就近获取相应的服务。一些主要服务设施的分级配置建议如表1-1所示。

社区服务设施的分级配置建议 表1-1

设施类型	空间层级	社区公共活动空间 500m 以下	城市公共活动空间 500m 以上
菜市场	小型蔬果店	▲	—
	中型菜市场	—	▲
社区餐厅	社区助餐点	▲	—
	社区食堂	▲	—
超市	小型便利店	▲	—
	中型超市	—	▲
社区老年活动站		▲	—
社区老年人日间照料中心		▲	—
社区卫生服务站		▲	—

注：▲表示在相应公共活动空间层级应设置相应的服务设施。

为进一步提高老人到达配套服务设施和活动场地的便捷性，社区环境设计还应注意加强空间方位的引导，通过简化交通流线、增加标识系统、丰富感官刺激等方式，帮助老人在户外明确方向、找到路线。

图1-3 通过明确的标识系统引导服务设施和活动场地的空间方位

原则 3: 安全性原则

随着年龄的增长，老年人的反应速度、平衡性、力量和耐力等各项身体机能都会出现不同程度的衰退，不少老年人存在腿脚不便等身体障碍，他们害怕跌倒、害怕被陌生人打扰、害怕孤立无援，不安全的社区环境会使老人产生恐惧和抵触心理，阻碍他们使用户外活动空间、参与社交活动。而安全的社区环境能够鼓励老人外出，保持身体健康，提升他们的生活质量和满意度。因此，适老社区环境的营造应充分考虑老年人的安全需求，进行针对性的设计。

调研发现，社区中常见的安全隐患包括：地面凹凸不平，老人出行易跌倒；高差处未设置扶手，老人上下台阶存在安全隐患；交通组织混乱，人车混行，容易发生冲撞等。

在设计当中，应注意充分采取安全措施、消除安全隐患，确保老人日常活动安全。

地面铺装材料凹凸不平

台阶未设置扶手

自行车占用步行道，致人车混行

车行交通复杂

图1-4　社区中常见的安全隐患

原则4：适用性原则

　　社区环境的规划设计不但需要满足最基本的安全需求，还应适合老人使用。

　　例如，在布置活动场地时，可供选择的休闲桌椅类型较为多样，但并非所有类型都适合老人使用，只有充分考虑老年人的需求，才能作出合适的选择。这些需求包括老人起身和坐下的撑扶需求、倚靠休息的需求、临时置物的需求、与他人交流互动的需求、轮椅使用者接近和停留的需求，等等，缺一不可。

　　又如，适用的健身活动场地应照顾到不同身体状况老人的活动需求，提供多种类型的场地器械和多种难度选择。对于健康活跃的老人，可提供强度适宜的健身器械；而对于身体存在一定障碍的老人，则可通过设置一些环境辅助设施来帮助他们完成一些平时无法完成的训练动作。在保证安全的前提下，通过设置辅助设施或采取激励措施使老人独立完成具有一定挑战性的活动，有助于调动老人参与活动的积极性，促进他们锻炼和维持自己的身体机能。

图 1-5　通过为步道设置扶手辅助老人锻炼行走

图 1-6　通过在步道地面上标明距离，激励老人完成步行目标

原则 5：舒适性原则

　　生理机能的衰退会导致老年人对外界环境变化的适应性下降，对温度、光线、风等因素的变化极为敏感。因此，在居住区室外环境的营造当中，提高舒适度非常重要。

　　提高环境舒适度的关键在于充分利用积极的气候条件和环境条件，有效避免或减弱不利因素的影响，并考虑季节性变化。通过场地中建筑物、植物和构筑物的合理布局，营造具有良好微气候的活动场所。具体而言，夏季日照强烈、气温较高时，应注重遮阳和通风，利用空气流通的阴影空间布置活动场地；冬季气温较低、风速较高时，则应注重日照和防风，利用建筑南向背风处布置活动场地。同时，还需考虑雨雪等不利天气条件的影响，可通过设置连廊、架空层等带顶空间，为老人创造舒适的出行和活动环境。此外，具有方向性的活动场地（如做操跳舞场地的领操台及面向领操台的空间等）应注意避开主要日照方向，以免阳光直射入老人的眼中，引起眩光。

图1-7 设置棚架为老人提供有阴凉的棋牌活动场所

图1-8 利用建筑南向设置日照良好的活动空间

除了生理方面的舒适度，社区环境设计还应关注老人心理方面的舒适度。例如，场地中的休息座椅宜设置在空间边缘，背后有建筑、墙体或植物依靠的位置，这样可避免人流从老人身后穿过，给老人以安定的空间感受。高架的空中连廊、阴暗隐蔽的场所、狭窄的道路和陡峭的台阶等空间元素容易引发老人的心理不适，在设计中应尽量避免出现。

图 1-9　背后有墙体和植物作为倚靠的休息座　　　图 1-10　高架的空中连廊容易
　　　　椅能够给老人以安定的心理感受　　　　　　　　　　　引起老人的心理不适

原则 6：参与性原则

　　社区环境的营造应注意提升老人的参与感，为他们创造参与活动的机会和场所，充实他们的日常生活，满足他们老有所为、实现自我价值的需求。

　　社区当中的主要活动场地设计应具有较强的公共性和灵活性，以容纳尽可能形式多样、内容丰富的社区活动。主要活动场地的位置宜设置在主要人员流线的交汇处附近，以吸引行经的老年人和社区居民参与到活动当中。

　　此外，还可利用社区当中公共活动用房，为有共同兴趣爱好的老年人提供交流和活动的场所，例如给对手工艺感兴趣的老年人提供工作室，为爱好戏曲的老年人提供演出和排练场地，等等。

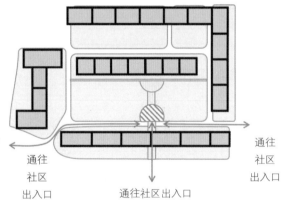

图1-11 活动场地位于人员流线交汇处,吸引老人参与社区活动

原则7:丰富性原则

在社区环境的规划设计当中,应设置类型丰富的活动场地,为老人提供多样的社交活动选择。

考虑到不同老人在身体状况、兴趣爱好、性格特点等方面存在较大差异，居住区设计中应为老人提供丰富的活动场地，为老人留有多样的选择余地，让他们参加最适合自己的活动。

球类活动场地

做操跳舞场地

健身活动场地

休闲社交场地

亲子活动场地

园艺活动场地

图 1-12 丰富多样的活动场地

交往是人们进行社会活动的主要方式之一，也是保证心理健康的重要内容。老人退休后，角色会发生巨大的变化，社会联系也将不如之前那样紧密，容易因此产生抑郁，感到孤独和失落，社会交往的心理需求尤为强烈。调查显示，参加社交活动有益于心理健康，经常参加社交活动的老人会比很少参加社交活动的老人感到更加幸福、快乐。

满足社会交往需求是老人进行户外活动的主要原因之一。由于身体条件的限制,很多老人只能在社区范围内参与社交活动,因此在社区中提供丰富的社交活动选择非常重要。

老人在社区中参与社交活动的主要方式包括与居民聊天、下棋、参加有组织的文体活动、带孙子女出来玩、观看其他人活动,等等。在设计当中,应注意为各类社交活动留出相应的空间,选择适宜的空间尺度,鼓励老人参与社交活动。

图1-13　老人的社交活动形式和空间需求

原则8: 通用性原则

适老社区环境的营造应立足于全生命周期的视角,充分考虑通用性,做到不仅适合于老年群体,也适合于其他年龄群体,以实现不同世代的和谐共享,促进代际之间的沟通交流。

例如,在大型活动场地面积有限,无法同时满足集会活动、文艺演出、体育运动等的空间需求时,可考虑设置通用型场地,通过场地布置的灵活调整,满足不同人群、不同时段的使用需求。

二、适老社区环境营建的 50 条要点

（一）社区出入口

（二）社区道路

（三）机动车停车场地

（四）非机动车停车场地

（五）人行道路

（六）散步道

（七）楼栋出入口

（八）活动场地

（九）休憩场地

（十）园林景观

（十一）标识系统

（十二）照明系统

适老社区环境营建要点索引

为了便于读者理解这50条要点的重要程度，在适老社区环境的建设当中有重点地进行考虑，我们将所有要点列表如下，对每一条要点提出相应的设置建议。"●"对应的要点，是指在大多数情况下需要尽量做到的，最关乎老人安全、便利的内容；"○"对应的要点，是指在条件允许时，建议做到的内容。

序号	要点	设置建议
（一）社区出入口		
1	明确划分人行和车行流线	●
2	满足无障碍通行要求	●
3	设置休息等候空间	○
（二）社区道路		
4	采用人车分流的交通组织方式	○
5	根据分流方式和功能需求合理设计道路断面	○
6	道路系统应清晰简洁	●
7	满足各类车辆的通行需求	○
（三）机动车停车场地		
8	合理配置地面和地下车位	○
9	在住宅楼栋出入口附近设置临时停车空间	○
10	设置无障碍停车位	○
（四）非机动车停车场地		
11	临近楼栋出入口设置非机动车停放空间	●
12	满足各类非机动车的停放需求	○
（五）人行道路		
13	尽量采用平坦路面，妥善处理空间高差	●
14	采用平整均匀的地面铺装材料	●
15	尽量保证人行道路的连续性	○
16	保证足够的通行宽度	○

续表

序号	要点	设置建议
（六）散步道		
17	合理规划散步道流线	○
18	沿途设置休憩设施，方便老人停留休息	●
19	沿途合理配置植物	○
20	可考虑设置风雨连廊	○
（七）楼栋出入口		
21	位置明显、易识别	○
22	避免与外部流线交叉	○
23	妥善处理出入口高差	●
24	提供老人停留和交往的过渡空间	○
25	雨棚应尽可能覆盖入口平台和台阶坡道	○
（八）活动场地		
26	布置在微气候宜人的位置	○
27	注重流线和视线的可达性	●
28	与楼栋和道路保持适宜的距离	○
29	利用植物或构筑物进行适当界定	○
30	提供丰富多样的活动空间	○
31	设置老幼、亲子活动场地	○
32	选用适宜的地面铺装材料	●
33	配置必要的辅助设施设备	○
（九）休憩场地		
34	面向主要人流和活动场地设置休憩座椅	○
35	设置遮阳避雨的休憩空间	○
36	合理选择座椅的类型和布置形式	●
37	为乘坐轮椅的老人提供休息和停留的空间	○
（十）园林景观		
38	通过植物和小品的配置增强空间识别性	○
39	营造具有感官刺激作用的园林景观	○

续表

序号	要点	设置建议
40	合理设置草坪	○
（十一）标识系统		
41	形成连续、多层次的标识系统体系	○
42	设在易于观察到的显著位置	●
43	精准表达标识内容	●
44	清晰呈现图文信息	●
（十二）照明系统		
45	适度提高环境光照度	○
46	关键区域布置重点照明	●
47	注意避免眩光	○
48	保证照度均匀	○
49	消除局部阴影	○
50	通过分级照明方便老人识别方位	○

（一）社区出入口

出入口是社区当中的关键交通节点，设计时应充分考虑老年人的需求特点，营造安全便利的出行环境。

要点1：明确划分人行和车行流线

出入口是社区中人流和车流最为密集的位置，为确保老年人的出行安全，设计时应注意明确划分人行和车行的出入流线，避免流线交叉，带来安全隐患。

有条件时，可对步行出入口和非机动车出入口进行进一步划分，以避免非机动车与行人发生冲撞。

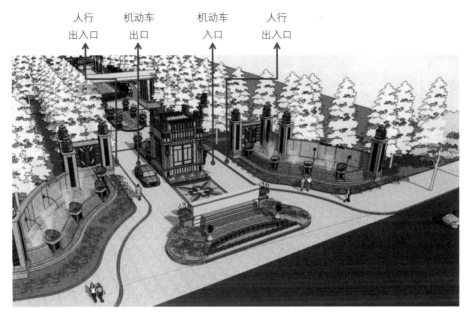

人行出入口　机动车出口　机动车入口　人行出入口

图 2-1　人车分流的社区出入口示例

要点 2：满足无障碍通行要求

步行和非机动车出入口应进行无障碍设计，避免设置门槛或高差，预留足够的宽度，满足轮椅和非机动车的通行要求。

很多小区的出入口都设有门禁系统，通过刷卡实现出入管理。为方便老人操作使用，刷卡器应设置在较为显著的位置。目前大多数小区所采用人行出入口大门是手动开启的，开启时需要较大的力量，松手后，门会自动弹回关闭，当老人推行自行车或手持物品时，往往难以兼顾刷卡、开门、出入等动作，操作较为不便。因此有条件时，人行出入口大门可采用自动开启的形式，以方便老人出入。

手动门：不方便手持物品或推行自行车的老人使用　　　自动门：自动开启，方便老人出入

图 2-2　人车分流的社区出入口示例

要点3：设置休息等候空间

　　社区出入口宜设置带有雨棚的休息空间，并设置休息座椅，以方便老人等候出租车、迎接家人朋友，或在出入口处聊天休息。座椅宜倚靠建筑、墙体或植物等进行设置，为老人创造安定的空间感受。

　　有条件时，还可结合出入口设置小卖部、物业服务点等配套设施，方便老人在外出或回家的途中顺道完成购物、取快递等活动。

图 2-3　社区出入口设置遮阳棚，为老人提供停留等候的空间

图 2-4　社区入口附近设置快递柜，方便老人顺道取快递

（二）社区道路

社区当中的道路交通组织与老人日常出行的安全性和便利性密切相关，设计时应注意以下要点。

要点 4：采用人车分流的交通组织方式

在居住区的交通系统当中，车流对老人日常出行活动的影响较大。随着身体机能的衰退，老人的行动能力和反应速度都会出现不同程度的降低，出行过程中很难对身边即将发生的危险状况做出及时反应并采取有效的应对措施。因此，在社区的规划设计当中应注意对老年人的步行路线进行有效保护，以避免来往车辆对老人造成伤害。

为保证老人的出行安全，社区当中的车行系统与人行系统应尽量做到互不干扰，宜采用人车分流的交通组织方式，常见的分流方式包括水平分流和立体分流。

● 水平分流

水平分流将主要机动车道与人行道在地面层分离设置，例如将机动车设置于小区外环或组团外环，小区内部或组团内部道路为人行道，并与景观步道串联，形成连续的慢行体系。这种分流方式通常在规模较大的社区中采用。

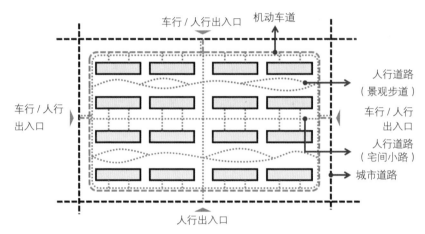

图 2-5　采用水平分流的社区道路交通平面示意图

● 立体分流

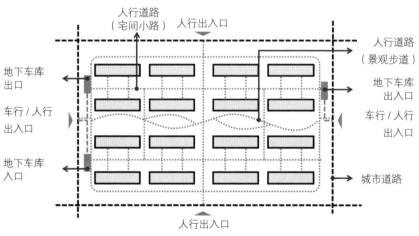

图 2-6　采用立体分流的社区道路交通平面示意图

立体分流使机动车在小区车行出入口或附近直接进入地下车库，地面层不设机动车道，地上人行道路仅供紧急情况下车辆通行使用，从而实现小区内更加彻底的人车分流，在地面上形成安全、完整的人行活动空间，同时地下车库可连通至每个组团或单元，住户停车后可通过电梯直接到达组团或住宅单元。

要点5：根据分流方式和功能需求合理设计道路断面

为保证老人出行的安全性与舒适性，应根据分流方式和功能需求对小区道路断面进行优化设计。

● 水平分流小区的道路断面设计

采用水平分流组织方式的小区道路可划分为车行为主的小区路、组团路，以及人行为主的宅间路。

小区路主要为沿小区外围设置的主要车行道，沿道路外侧可设置部分地面停车位，作为临时停车位；道路内侧为人行道与非机动车道，与机动车路面间设置路缘石，实现机动车与非机动车分行；人行道与非机动车道位于同一标高，采用不同路面材质或色彩加以区别。

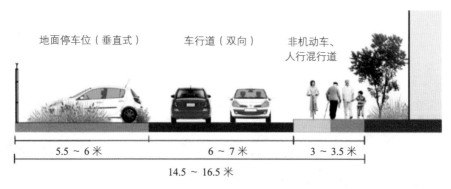

地面停车位（垂直式）　　车行道（双向）　　非机动车、人行混行道

5.5～6米　　　　6～7米　　　3～3.5米

14.5～16.5米

图2-7　小区外围主要车行道路的断面设计示例

图 2-8　通过色彩区别人行与非机动车道的示例

　　组团路主要为小区内部串联各组团或楼栋的主要车行道。通常可在两侧分别设人行道及非机动车道，设计要点与小区路基本相同。

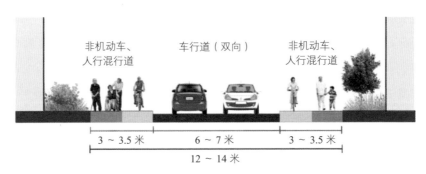

图 2-9　小区内部主要车行道路的断面设计示例

图 2-10　小区内部主要车行道路的设计示例

　　宅间道路主要为行人与非机动车混行道路，以人行为主，仅允许机动车（如急救车、消防车等）临时通行与停车；路面宽度应满足消防车道要求，道路边缘与建筑外墙距离应不小于 5 米，满足消防车的操作距离要求；单元入口前的道路一侧可设置非机动车停车位，道路与非机动车停车位应位于同一标高。尽端式道路需设置 12 米 ×12 米的回车场，回车场可与绿化及活动场地结合灵活布置，以提升小区内的绿地率。

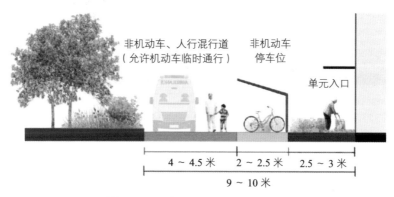

非机动车、人行混行道
（允许机动车临时通行）　非机动车停车位　单元入口

4 ~ 4.5 米　　2 ~ 2.5 米　　2.5 ~ 3 米

9 ~ 10 米

图 2-11　宅间道路断面设计示例

图 2-12　回车空间可结合绿化布置

● 立体分流小区的道路断面设计

采用立体分流组织方式的小区道路主要考虑行人和非机动车的通行需求。

主要道路以行人和非机动车混行为主，路幅宽度需满足消防车道要求。路面可选择彩色混凝土、广场砖等平整、防滑且具有一定硬度的材料。

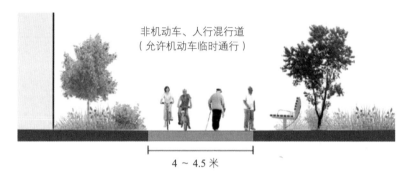

图 2-13　以行人和非机动车混行的道路剖面设计示例

图 2-14　铺地材质应适宜行人和非机动车通行

宅间道路以人行为主，主要用于连接各住宅楼栋单元和活动空间，需满足紧急情况下消防车靠近楼栋进行扑救的需求。路面宽度可灵活设置，在 4 米通行宽度范围内，部分路面可采用植草砖、草坪保护垫等替代硬质铺装。可采用蜿蜒的道路形式、错动的铺装，营造优美而富有变化的步行环境。

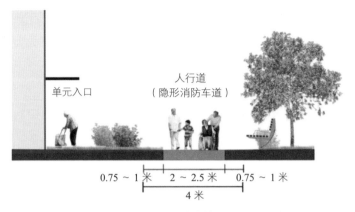

单元入口

人行道
（隐形消防车道）

0.75～1米　2～2.5米　0.75～1米

4米

图2-15　宅间人行道路的剖面设计示例

图2-16　以植草砖、草坪保护垫等替代硬质铺装的隐形消防车道示例

（图中红色虚线范围内可供消防车通行）

要点6：道路系统应清晰简洁

　　道路系统的规划设计应清晰简洁，避免出现复杂的交叉路口，以方便驾驶员和行人观察道路上的车辆通行状况。社区中行人较多，车行流线和人行流线难免存在交叉，为保证社区中行人，尤其是老人和小孩的出行安全，在人车流线交叉的部位，应设置安全提示标志，以提醒驾驶员和行人注意。

　　车行道路应遵循"通而不畅"的设计原则，通过适度收窄路幅、合理设置弯道等方法起到控制车速的作用，以避免驾驶员因车速过快、反应不及时而造成交通安全事故。有条件时，宜采用单向路线，以尽量避免错车的可能性，为老人过马路提供便利。

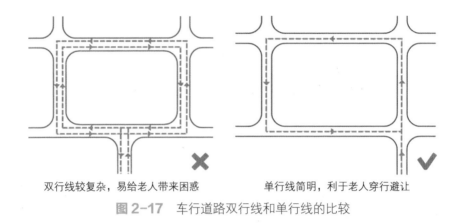

双行线较复杂，易给老人带来困惑　　　　单行线简明，利于老人穿行避让

图 2-17　车行道路双行线和单行线的比较

要点 7：满足各类车辆的通行需求

社区道路的规划设计应考虑私家车、急救车、消防车、抢险车、搬家车等各类车辆的通行需求，在场地内留出大型车辆的回车空间，避免杂物或车辆占用应急通道。道路设计应便于急救车到达住宅楼栋的出入口，以便老人发生紧急情况需要急救时，医护人员能够第一时间到达并展开救治。

救护车　　　　　搬家车　　　　接送老人的小轿车

消防车　　　　　　抢险车

图 2-18　社区道路设计应满足各类车辆通行需求

（三）机动车停车场地

社区中机动车停车场地的适老化设计既要考虑避免人车流线的交叉，减少噪声、尾气等不利因素的影响，又要方便老人就近上下车，具体设计要点如下。

要点8：合理配置地面和地下车位

为尽量避免人车流线的交叉，减少地上车行交通流量，创造安全的步行环境，有条件时应尽量设置地下车库，满足小区居民主要的车行交通和停车需求。地上停车位宜尽量沿小区外围道路设置，避免车行流线与人行流线交叉，给老人出行带来安全隐患。地上停车位与住宅楼栋间宜通过绿植进行分隔，以减少噪声和尾气对居民的不利影响。

此外，为满足访客等人群的临时停车需求，小区（或组团）主要出入口附近需预留一定数量的临时停车位，以免外来车辆进入小区内部，影响老人日常的出行安全。

图 2-19 沿外环车行道设置机动车停车位，通过绿化带与楼栋进行分隔

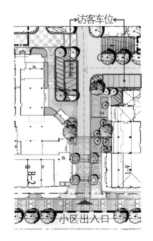

图 2-20 小区出入口就近设置访客车位

要点 9：在住宅楼栋出入口附近设置临时停车空间

社区中的车行道路设计应方便车辆接近住宅楼栋单元的出入口，并留出临时停车的空间，以满足老人就近上下车的需求。发生紧急状况时，也能为救护车、消防车等特种车辆快速到达、快速施救创造有利条件。

临时停车空间宜与通往住宅楼栋出入口的道路保持在同一水平高度，避免设置台阶、路缘石或斜坡，以方便轮椅通行。为避免人车混行带来安全隐患，可在人、车流线的交界处设置可移动立柱进行适当分隔，可移动立柱的高度宜为 50 ～ 60 厘米，间距应大于 80 厘米的轮椅通行宽度。

要点 10：设置无障碍停车位

为方便老人就近上下车，在进行社区停车场或地下车库的设计时，应尽量靠近住宅单元出入口和社区配套设施出入口设置无障碍专用车位，无障碍车位应采用平整的地面铺装材料，避免使用植草砖，设置安全通道，以便老人下车后直接到达建筑主入口。

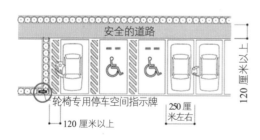

图 2-21　无障碍车位及安全通道的设计示例

（四）非机动车停车场地

对于很多老年人而言，自行车、三轮车、电动车等已成为他们每日不可或缺的代步工具，因此在居住区的规划设计当中应充分考虑这些非机动车的停放需求，重点关注以下设计要点。

要点 11：临近楼栋单元出入口设置非机动车停放空间

各楼栋单元出入口附近宜设置专用的非机动车停放场地，以方便老人就近取放非机动车。停车场地的具体形式可以是结合楼栋入口设计的停车空间，也可以是带遮阳设施的集中停车棚，还可以利用住宅底部的架空层设置停车空间。

结合楼栋入口设置非机动车停车场地

在住宅山墙面设置车棚

利用住宅架空层设置非机动车停车场

利用宅间空地设置车棚

图 2-22 临近住宅单元出入口设置非机动车停车场地的示例

调研发现，目前仍有不少社区将非机动车停车场地设置在了地下空间，给老人的使用造成了较大的不便，老人取放车辆需要上下楼，并且上下楼和推车上下坡时存在较大的安全隐患。

图2-23　设置在地下的非机动车库不方便老人使用，应避免出现

如果楼栋入口附近的场地有限，也可以将一些小型的路边空地或口袋空间开辟为非机动车的停车场，并通过施划地面标线、配置充电设备等方式引导社区居民合理使用。

图2-24　利用小型路边空地设置的非机动车停车空间

要点 12：满足各类非机动车的停放需求

老人使用的非机动车类型较多，除自行车、电动自行车外，还包括电动三轮车、代步车等，因此非机动车停车场地的设计应注意满足不同尺寸、不同类型非机动车的停放需求，避免设置自行车架等可能妨碍空间灵活利用的设施。

此外，场地设计应考虑电动车的充电需求，配置充电装置。为保证充电安全，停车场地宜设置顶棚，以起到遮阳防雨的作用。

图 2-25　自行车架妨碍电动车停放

图 2-26　考虑电动车充电需求的车棚

（五）人行道路

步行是老年人在社区中最主要的出行方式，因此应重视人行道路的适老化设计，关注以下设计要点。

要点13：尽量采用平坦路面，妥善处理空间高差

人行道路应尽量平坦，存在高差或台阶处应通过坡度不大于1∶12的坡道进行过渡。如果场地高差较大，则建议将高差合并在某些位置集中解决。对于长度较长而且有坡度的起伏地面，必要时需加设扶手。北方多雪地区地面易结冰，缓坡不宜被老人察觉，反而容易滑倒，因此要在坡道旁另设踏步和扶手。

图2-27　人行道路与其他道路交接处的缘石坡道设置示例

图2-28　高差较大时，应集中处理并同时设置坡道和踏步

要点 14：采用平整均匀的地面铺装材料

　　人行道地面应采用沥青、彩色混凝土、塑胶等平坦、均匀、防滑、无反光的材料，不宜使用卵石、沙子、碎石、植草砖等表面过于凹凸不平的材料。不同材料的交接处应注意避免出现突起，以防老人绊倒。对于使用助行器械的老人而言，地面凹凸不平会导致器械着地不稳、摇晃颠簸，导致意外跌倒等危险情况的发生，因此地面铺装的平整度尤为重要。

缝隙多，凹凸不平的碎石片铺地不适宜　　地面平坦，质地均匀的水泥铺地适宜
作为人行道材料　　　　　　　　　　　　作为人行道材料

图 2-29　地面铺装材料表面平整度的正误对比示例

图 2-30　不同材质交接时接缝
　　　　　突起，容易绊倒老人

图 2-31　植草砖缝隙较大，不适
　　　　　合作为人行道路铺装

采用地砖作为人行道铺装材料时，地砖的尺寸不宜过小、表面接缝不宜过大；地面拼花形式应尽量简洁，不宜采用过于复杂、花哨的图案形式，以免老人产生眼花目眩等不适感受。

地面拼花图案过于复杂、花哨　　　　　　　　　地面拼花图案简洁

图 2-32　地面铺装材料拼花图案的正误对比示例

要点 15：尽量保证人行道路的连续性

社区中的人行道路应尽可能连续，以减少老人穿越车行道的频率，保障出行安全。当车行道必须穿越人行道时，需要设置醒目的提示标识，如通过改变铺地形式、设置信号灯或警示标识等方式提醒行人和驾驶员注意。

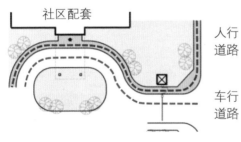

图 2-33　人行道应注意保持连续性，尽量避免穿行车行道

图 2-34　人行道路与车行道路交汇处设置人行横道和减速带提醒行人和驾驶员注意

要点 16：保证足够的通行宽度

人行道路应保证足够的通行宽度，以满足轮椅等辅助器具的通行需求。通常情况下，人行道路的通行宽度不宜小于 1.5 米，即一名行人与一台轮椅并排通行的宽度；有条件时不宜小于 1.8 米，以保证轮椅或婴儿车双向通行的需求；对于人流量较大的人行道路，宽度还应适当增大。

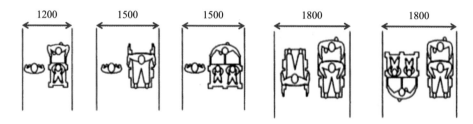

图 2-35 不同行动能力阶段老年人与其他使用者通行所需空间尺寸（图中单位：毫米）

人行道设计应留出轮椅回转的空间，为方便老人和陪护人员进行操作，室外的轮椅回转空间宜在 1500 毫米的标准回转直径基础上适度放大，有条件时建议达到 2100 毫米，人行道的尽端和交汇处宜适度放宽，以便轮椅回转方向。

（六）散步道

社区当中的散步道除具有交通作用外，还具有居民散步、锻炼、休闲、赏景等功能，在满足人行道路设计要求的基础上，还需注意以下设计要点。

要点 17：合理规划散步道流线

● 宜围绕景观区布置散步路径，并途经主要的活动场地，使沿途景观变化丰富，为老人带来愉悦的心情，创造相互交流的机会，使他们能够在散步的过程中发生与熟人打招呼、顺路买东西等社交活动。

● 散步道宜设为循环道路，在长度及步行难度等方面应具有多样性，以便老人根据自身情况选择合适的散步路线。

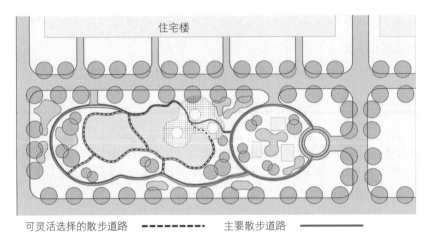

可灵活选择的散步道路 --------- 主要散步道路 ————

图 2-36　具有多种路径选择的散步道

● 散步道应与楼栋单元出入口密切衔接，各循环道路中应设置捷径，以方便老人就近出入使用。

● 散步流线中的岔口不宜过多，在较长的散步道中途或散步道转折处、多条

图 2-37　散步道交汇处的小广场中央种植对景树，以增强空间识别性

路径交汇处，应设置明显的标识系统或雕塑、凉亭、树池等标志物，以增强空间的识别性与导向性，避免老人迷失方向。

● 应避免设计漫长笔直的散步道，蜿蜒的路径更容易创造步移景异的效果、增强步行的趣味性，并且弯曲的道路对于减少风力干扰也有所帮助。

图2-38 蜿蜒或富于变化的散步道，可增加步行活动的趣味性

要点18：沿途设置休憩设施，方便老人停留休息

老人在行走的过程中容易疲劳，需要及时休息，因此在步行道路的沿途应设置休息座椅、凉亭等休憩设施。休憩设施的设置间隔不宜过大，以50米左右为宜，部分节点可作放大处理，供行经的人群休息停留，促进交往活动的发生。散步道的交叉点，以及临近景观或活动场地的区域是设置休憩设施的最佳位置。

将散步道放大设置景观凉亭　　　　　　沿散步道设置休息座椅

图2-39 沿散步道附近设置休憩设施的示例

要点 19：沿途合理配置植物

散步道沿途的植物配置应注意保证视线畅通，这样当老人在步行活动过程中发生意外情况时，行经人员能够及时发现并进行救助。不宜布置分叉高度较低且较为密集阻挡视线的植物，建议种植分叉高度较高、能够提供阴凉的树木。

散步道沿途的植物可分区设计，运用不同类型的植物在不同路径和不同空间形成差异化的景观主题，以提升散步道景观的趣味性、识别型和观赏性，丰富老人的步行活动感受。

要点 20：可考虑设置风雨连廊

有条件时，社区中连接各个住宅楼栋和社区服务设施的散步道可设置为风雨连廊，为老人在不利气候条件下的出行活动提供便利。在日照强烈时，连廊能够起到遮阳的作用，给通行的老人提供阴凉；在雨雪天气时，能够起到遮蔽雨雪的作用，以防老人因地面湿滑而跌倒。

散步道与植物配置充分结合，使老人与植物更加亲近。　顶棚为木与玻璃结合，可遮蔽风雨，也提供充足自然采光。

散步道边缘有清晰的材质区分，并通过植草，进一步界定空间。　顶棚下设座椅便于老人随时坐下休息。

图 2-40　风雨连廊示例及设计要点分析

（七）楼栋出入口

在大多数小区当中，住宅出入口虽然设有雨棚、坡道等元素，但适老化考虑不够充分，在实际使用当中存在较多不适老的问题。因此在住宅楼栋出入口的设计和改造当中，应重点关注以下要点。

要点 21：位置明显、易识别

楼栋单元出入口宜设置在明显、易于识别的位置，植物配置需保证入口处视野开阔，选择分叉较高或是较为低矮的灌木，不要遮挡单元门牌号。

住宅楼栋的各个单元出入口均应设置醒目、易于辨识的标识，清晰传达楼号、单元号等信息，并可通过出入口造型、色彩、景观小品、植物配置等方面的设计增强识别性。

图 2-41　入户区采用低矮灌木，视野开阔　　图 2-42　单元入口造型突出、标识醒目

单元入口处应慎重选择照明设施，并进行细致的照明设计，不应产生眩光或漆黑的阴影，既要保证老人在夜间能够准确识别并安全通行，又要避免光线过强影响周边居民休息。

要点22：避免与外部流线交叉

住宅楼栋出入口的设计应避免流线交叉，保证各种人流动线不混淆，例如当住宅底层作商业用房、停车场等非居住功能使用时，其出入口应与住宅单元出入口分开设置，避免不同去向的人流相互交叉，对老人造成冲撞。

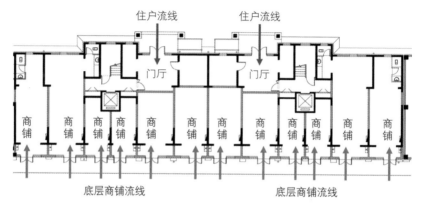

图2-43　住户流线与底商流线分离设置，避免人流交叉

要点23：妥善处理出入口高差

住宅楼栋单元的出入口与室外场地之间通常需要留有一定的高差，需妥善处理，以确保轮椅使用者能够顺利通行。

当场地条件允许时，可采用平坡出入口，使老人能够更加安全、方便地进出建筑。地面坡度不应大于1：20，雨水篦子应注意避开主要通行道路，并与周边地面保持平齐。

当出入口高差较大时，应同时设置入口平台、台阶和无障碍坡道，并配置扶手。考虑到轮椅回转（回转直径1500毫米）、多人交叉通行和单元门开启的空间需求，入口平台进深方向的尺寸不应小于1800毫米。此外，有条件时，出入口平台周边还应配置信报箱、宣传栏和休息座椅等设施。

图 2-44 平坡出入口示例

图 2-45 设置入口平台、台阶和无
障碍坡道的出入口

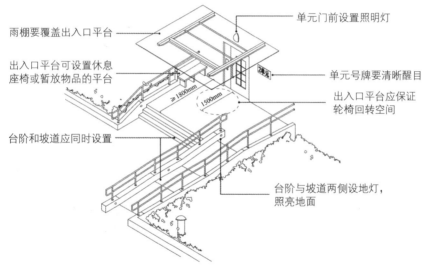

雨棚要覆盖出入口平台

出入口平台可设置休息
座椅或暂放物品的平台

台阶和坡道应同时设置

单元门前设置照明灯

单元号牌要清晰醒目

出入口平台应保证
轮椅回转空间

台阶与坡道两侧设地灯，
照亮地面

≥1800mm

1500mm

图 2-46 住宅楼栋出入口的设计要点

要点24：提供老人停留和交往的过渡空间

楼栋出入口是住宅中人员活动最为频繁的公共空间，也是老人日常出行的必经之地，很多社会交往活动都有可能在这里发生。然而目前大多数住宅入口空间的设计处理过于简单，主要考虑的是交通功能，而忽视了其作为室内外过渡空间和交往活动场所的功能。

随着年龄的增长，老人对环境的适应能力会有所下降，在室内外空间转换的过程当中，常常需要进行短暂的停留，以适应光环境和热环境的变化。例如，一些老人难以快速适应环境光亮度的突变，当他们从光线较暗的室内空间进入光线较亮的户外空间时，最初会感到光线十分刺眼，什么都看不清，几秒钟后才会逐渐恢复正常；而当他们从光线较亮的户外空间进入光线较暗的室内空间时，最初往往会感到眼前一片漆黑，需要一定时间才能看清周边的环境。如果缺少过渡，这种短暂的视觉不适有可能带来较大的安全隐患。因此，在进行楼栋出入口设计时，应注意通过设置门厅、雨棚或门廊等方式提供室内外过渡空间。

图 2-47　设置玻璃廊道连接楼栋单元出入口，提供过渡空间

为了满足老人休息停留和交往活动的需求，楼栋出入口平台面积宜适当加大，并设置座椅休憩设施，供老人小憩、聊天和观看他人活动。设计时应注重出入口空间的开放性和室内外景观的渗透性，通过良好的视线和优美的景观鼓励老人在此逗留。

图 2-48　住宅单元出入口设置休息交往空间的设计实例

要点 25：雨棚应尽可能覆盖入口平台和台阶坡道

住宅单元入口平台上方应设置雨棚。雨棚挑出长度宜覆盖整个平台，并宜超过台阶首级踏步 500 毫米以上。在有条件的情况下，雨棚最好能够覆盖到坡道，以免霜雪天气因坡道表面结冰变滑而致老人跌倒。

为方便老人在雨雪天气时上下车，雨棚的设计宜尽量覆盖到车门开启的范围。

雨棚的排水管出水口应避开其下方的坡道、台阶或人流经过处，以免造成地面湿滑、积水或结冰，给老人的出行带来安全隐患。

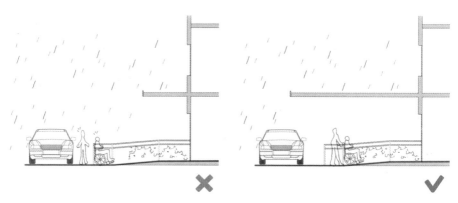

雨棚长度不够，给轮椅老人上下车带来不便　　　　雨棚最好能覆盖到车门开启范围内，便于老人出行上下车

图2-49　单元出入口雨棚覆盖范围的正误对比

图2-50　出入口设置雨棚，方便老人上下车

（八）活动场地

　　老年人保持身心健康的重要途径之一就是走到户外，与阳光、空气亲密接触，开展丰富多彩的健身和文体活动，从而达到强身健体、愉悦心情的目的。因此，社区中活动场地的适老化设计显得尤为重要，应重点关注以下设计要点。

要点26：布置在微气候宜人的位置

老年人对气候的变化较为敏感，因此在布置活动场地时，应综合考虑日照、通风等气候条件因素，并关注季节变化影响。

夏季气候炎热，日照强烈，老人喜好阴凉，因此在夏季，老年人活动场地应有阴凉，并具有良好的通风条件。冬季气候寒冷，常伴大风，老人畏风怕冷，因此冬季老年人活动场地应具有良好的日照条件，并且周边环境能够阻挡寒风的侵袭。

图 2-51　夏季老人更喜欢在有阴凉的区域活动

图 2-52　冬季老人喜爱选择在阳光充足的地点停留

综合考虑不同季节的气候状况，建议将活动场地设置在建筑南侧的避风向阳处，并在场地的东南和西南侧种植高大的落叶乔木，这样夏季茂密的树冠能够在早上和傍晚老人外出活动时为场地提供阴凉，冬天树木落叶后阳光也能透过树枝照射到场地上。

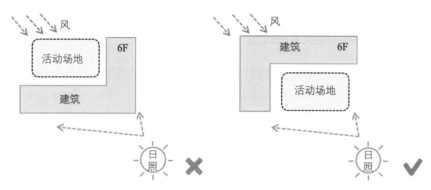

图2-53　活动场地位置选择的正误对比

宅间绿地不同区域的日照条件存在一定差异，适合布置不同类型的活动场地。楼栋北部的宅间绿地因长期处于阴影之中，适合布置夏季居民乘凉、休憩和进行棋牌活动的场地；楼栋南部的宅间绿地光照充足，冬季正午有阳光照射，适合供居民进行晒太阳、聊天和健身等活动使用。中部的宅间绿地常年阳光充足，适合布置园林景观和园艺种植区。

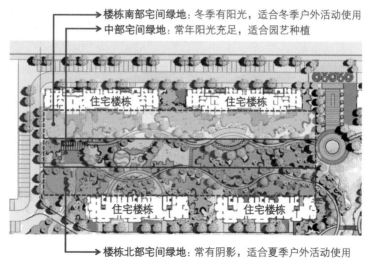

图2-54　宅间绿地不同区域空间的利用

要点27：注重流线和视线的可达性

    活动场地应具有良好的可达性，临近小区内的主要步行道路，方便老人从社区中的不同位置接近和使用。连接活动场地的步行道路需要满足无障碍通行要求，避免采用汀步、石子路等地面铺装形式，或过多出现不同材料的交接处。如有高差变化，应设置坡道，以方便轮椅使用者或婴儿车通行。

设置汀步，轮椅和婴儿车无法通行

路面平坦，满足无障碍通行要求

活动场地存在高差，轮椅无法进入，未设置扶手，老人步行进入存在安全隐患

有高差的场地设置坡道，方便轮椅和婴儿车进出

图2-55 活动场地可达性的正误对比

    活动场地应保证视线畅通，避免被树木等障碍物遮挡得过于隐蔽。这一方面能够起到聚拢人气的作用，方便行经的老人观察到活动场地当中的情况，吸引他们的注意力，提高他们参加室外活动的兴趣。另一方面，当老人发生意外情况或需要他人帮助时，周边居民也能够及时发现并采取措施。

活动场地被密集的植物所遮挡，视线不畅   活动场地视线畅通

图 2-56　活动场地视线设计的正误对比

要点 28：与楼栋和道路保持适宜的距离

　　广场舞、交谊舞等是老人比较喜爱的文体活动形式，活动时通常需要使用扩音设备播放音乐，因此在布置相应的活动场地时，应考虑声音对小区居民的影响。做操跳舞等活动场地应与住宅楼栋保持适当距离，可设置在靠近小区边界入口或住宅山墙的一侧，避免设置在小区或组团的中央，防止活动中播放音乐干扰居民的正常生活。同时，还可通过在场地面向住宅的一侧种植一些植物，起到隔声降噪的效果。需要注意的是，为避免噪声过大引发矛盾，规模较大的跳舞场地或文艺演出场地不宜设置在居住小区内，可结合城市广场进行设计。

　　此外，活动场地与主要车行道路间也应保持适当的距离，并采取适当的分隔措施，这一方面能够避免车流接近或穿行活动场地、带来安全隐患，另一方面也能使活动场地免受车辆噪声和尾气的不利影响。

做操跳舞场地

小区入口

小区入口

靠近小区边界入口设置做操跳舞场地

住宅山墙侧设置小型做操跳舞场地

图 2-57　小区内做操跳舞场地的设计示例

要点 29：利用植物或构筑物进行适当界定

在活动场地的设计当中，可利用植物或构筑物来标识和界定空间，形成领域感。例如，可利用高大的落叶乔木标识做操跳舞场地和休憩活动设施，以提供夏季有阴凉、冬季有阳光的宜人微气候；可结合凉亭、廊架等构筑物设置休息聊天空间和棋牌活动场地，以形成较为安定的空间感受；可在活动场地周边种植树木，以围合出场地，并起到抵挡寒风侵袭的作用；此外，必要时宜设置一定的半室外或室内活动空间，供老人在炎热和寒冷的天气当中使用。

图 2-58　临近乔木布置棋牌场地

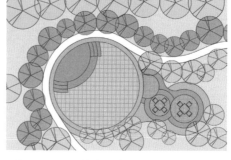

图 2-59　活动场地西北侧种植树木，抵挡寒风侵袭

图 2-60　设置阳光房，供老人在寒冷天气下进行棋牌活动

图 2-61　住宅底层架空，在天气炎热时为老人提供阴凉、通风的活动场地

要点 30：提供丰富多样的活动空间

活动场地是老年人开展日常活动的主要场所，社区中活动场地的设计应注意在有限的空间范围内提供更多的活动可能性。常见的室外活动场地类型包括做操跳舞场地、健身运动场地、休闲聊天场地、棋牌活动场地、亲子活动场地等。

不同活动主题的各类场地可以相邻布置，方便活动者"串场"，场地之间既能互相望见，又应适当避免相互间的声音干扰。

图 2-62　各类活动场地相邻布置，方便活动者"串场"

要点 31：设置老幼、亲子活动场地

调查数据显示，在很多家庭当中，都存在着老人隔代抚养孙子女的情况。同时，老人大多渴望与孩子互动，希望从中获得快乐。因此，在社区活动场地的营造当中，应注重老幼和亲子活动场地设计。

不同年龄段儿童的户外活动形式差异较大，因此在设计亲子活动场地时应给予针对性的考虑。

0 ~ 1 岁的婴幼儿主要由家长怀抱或推车在户外活动，为方便老年人推行婴儿车，场地地面应尽量平整、无高差，满足无障碍通行需求。步道转折处和交汇处应设置休息座椅，供老人停留，或与居民交流聊天。座椅前方应留出空间，供婴儿车停放使用。座椅宜采用连续的长条形式，以方便老人或家长抱着儿童让其在座椅上活动。

图2-63　老人与0～1岁婴幼儿的户外活动形式

　　2～3岁的儿童通常已经能走会跑，可以进行简单的游戏，但活动时需要家长的陪伴，因此在沙坑、草坪、游具等儿童活动场地附近应留有老人与孩子互动的空间。

图2-64　老人与2～3岁儿童的户外活动形式

　　4～6岁的儿童已经可以自主进行各类游戏活动，他们喜欢围在家长身边，或与伙伴一起玩耍。这时老人和家长通常会选择在一旁照看孩子活动，因此可将老人的健身活动场地与儿童游戏场地结合布置，使老人能够边看儿童游戏，边进行一些锻炼活动。同时，还应在儿童游戏场地附近设置休息聊天空间，方便老人在照看孩子活动的同时坐下休息，与居民聊天。

图 2-65 儿童游戏区与老人健身场地临近布置，方便老人边看护孩童，边进行锻炼活动

要点 32：选用适宜的地面铺装材料

活动场地地面铺装材料应平坦、防滑，符合具体使用功能需求，例如做操跳舞等大面积活动场地宜采用质地较为坚实的水磨石等材料，耐久防滑易清洁；

做操跳舞场地宜采用坚实耐用的水磨石地面

健身场地宜采用柔软有弹性的塑胶地面

光面石材表面过于光滑，老人易滑倒

压膜混凝土地面凹凸不平，易绊倒老人

图 2-66 活动场地地面铺装材料的正误对比

而健身场地则应采用相对柔软、有弹性的材料，如塑胶地面，以提供缓冲、避免伤害。避免使用光面石材或表面凹凸不平的铺装材料，以防老人滑倒或绊倒。

要点 33：配置必要的辅助设施设备

活动场地附近应预留电源插口，以满足老人日常唱歌跳舞播放音乐或举办大型活动时安装设备的用电需求。

主要活动场地附近宜布置取水装置，方便周边活动的老人和社区居民就近用水，满足饮水、洗手、取水浇花、宠物清洗等方面的需求。

图 2-67　设置电源插座供播放
　　　　　音乐使用

图 2-68　活动场地中便于老人取水的
　　　　　饮水装置

活动场地外围布置休息座椅，既方便老人观看场地内的活动，又能为活动累了的老人提供休憩空间。休息座椅宜结合廊子、树荫、花架等布置，以供夏天遮挡阳光，同时提供安定的空间感受。

活动场地附近应考虑为前来参与活动的老人提供存放衣物、背包等物品的空间，可设置台面、长凳、自助储物柜等设施。物品存放空间宜位于场地中活动的老年人视线范围之内，并具有一定的领域感，以防外人接近。

图2-69　场地外围设置座椅、亭廊等，既方便老人休息置物，又能限定空间

活动场地未设置置物空间，老人只能将物品堆放在地面上，影响空间使用

活动场地周边设置长凳和置物台，方便老人就近存放物品

图2-70　活动场地附近应设置从老人存放物品的空间和设施

（九）休憩场地

社区场地中应设置适宜的休憩场地，方便老人休息、交流、下棋和观景等使用，设计时应关注以下要点。

要点34：面向主要人流和活动场地设置休憩座椅

为方便老人与居民聊天交流、观看活动，休息设施宜设置在面向主要人流或活动场地的位置。

调研发现，老人喜欢聚集在小区出入口、住宅楼栋出入口、散步道的转折处和交叉口等人流较为集中的位置，一边观望来往的人群，一边休息聊天、下棋打牌、照顾婴儿、等候子女归来等，因此应在这些位置设置休憩设施，方便老人和居民进行休憩活动。为避免行人通行与休憩活动间的相互干扰，休憩设施不应占用主要的通行空间，宜适当退后一段距离，或利用道路两旁的凹空间进行布置，以便留出人们聚集和围观的空间。

图2-71　面向散步道交汇口设置座椅，促进老人和居民互动交流　　图2-72　老人喜欢聚集在小区入口路口旁照顾婴儿、等候子女归来

活动场地周边的休息座椅应面向主要的活动区域进行布置，方便老人休息、观看活动，与居民聊天交流。例如可在跳舞场地边缘布置一些座位，方便老人观看跳舞活动的场景。

跳舞场边观看空间

图 2-73　跳舞场旁边设置观看空间，使停留活动更加有趣味性

要点 35：设置遮阳避雨的休憩空间

小区中可考虑利用建筑、植物或景观构筑物提供遮阳、避雨的休憩空间，在建筑阴影区、树荫下或藤架下布置供老人休闲乘凉用的座椅，或设置阳伞、凉亭、风雨长廊等设施，在阳光暴晒或雨雪天气条件下创造宜人的停留环境，提高空间的利用率。

图 2-74　活动场地设置阳伞

图 2-75　在藤架下方设置休息座椅

图 2-76　在凉亭或风雨长廊下设置座椅，在阳光暴晒或雨雪天创造宜人的停留环境

要点 36：合理选择座椅的类型和布置形式

受到肌肉萎缩、力量减退、平衡能力和灵活性下降等生理变化的影响，老年人完成落坐、起身等动作时可能存在较大困难，并且久坐容易疲劳。因此，在设计户外活动场地时，需为老年人提供适合他们使用的、舒适的座椅。

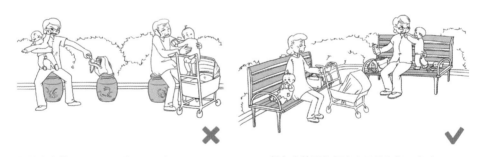

单个座椅不方便老人放置物品或照看孩子　　　　长条座椅更方便老人置物和相互交流

图 2-77　座椅形式的正误对比

座椅形状应便于使用者交流和搁置物品，通常而言，长条座椅比单个座椅更受欢迎，更方便老人或家长抱着儿童让其在座椅上活动。

在布置形式上，相比于目前大量采用的直线型座椅布置，U形、L形等内向型围合布置的座椅能够使老人更轻松地面对面交流，更加适合设置在小型交流场所。而直线型、外向型的座椅则更适合老人欣赏风景或观看他人活动。

图 2-78 内向型座椅更适合面对面交流   图 2-79 外向型座椅更适合观景

有时座位布置方式属于内向型还是外向型并不是绝对的，一些座位的形式可以让使用者十分方便地选择他们所需要的方式。如下图所示的"S"形长凳，人们通过调整自己就坐的方向就可以很快地改变与他人之间的空间关系，自由选择与他人交谈或观赏周围的景致。

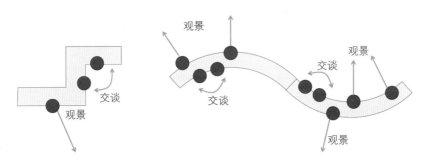

图 2-80 座椅的围合形状变化可产生不同空间，适应不同的活动

座椅应设置靠背，靠背材料需具有一定的硬度，在老人就坐时能够给背部和肩部以支持；靠背向后倾斜的角度不宜过大，以方便老人从座位中起身时施

力。座椅扶手应结实、圆滑，并延伸至座位前部，从老人起立和落座时撑扶。

在材料选择上，木材、仿木材料质地温和、触感舒适，受温度影响较小，经处理后耐久性较好，适合做老人休息座椅的材料；石材、不锈钢等材料虽然耐久性好、美观，但质地坚硬、导热性强、冬冷夏热，不适合作为老人休息座椅的材料。

图 2-81 石材长凳冬冷夏热，且未设靠背，不方便老人使用

图 2-82 设置扶手和靠背的木质长凳更适合老人使用

花坛边、台阶、矮墙等高度接近人体坐姿尺度的设施，都可供人们小坐休息，特别是在人流量波动比较大的社区场地当中，更应有意识地将这些设施设置为接近人体坐姿的尺度，在人流高峰期座位不够的情况下为人们提供更多的休憩场所。

要点 37：为乘坐轮椅的老人提供休息和停留的空间

考虑到乘坐轮椅的老人与陪护者共同休息、交谈的需求，在布置座椅时应考虑留有轮椅停放的空间，轮椅位置需平坦，便于陪护者推入和操作驻立刹车。

设置桌子时，应考虑轮椅老人的使用需求，保证桌子至少有一面不被固定的座椅和长凳所阻隔，并留有轮椅通行和回转的空间。桌面高度不得超过850毫米，桌面下部留空高度不得低于650毫米，以便轮椅老人腿部插入、接近使用。

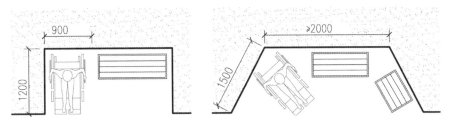

图2-83 考虑轮椅停放空间的座椅布置示例（图中单位：毫米）

图2-84 座椅旁设置的轮椅停放平台

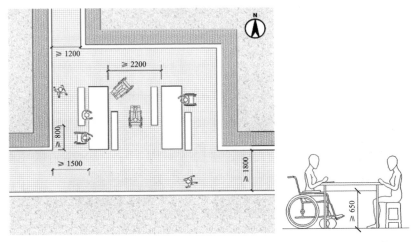

图2-85 满足轮椅老人使用的休息桌椅空间尺寸（图中单位：毫米）

（十）园林景观

对于老年人而言，居住区当中的园林景观不仅具有观赏作用，还具有较强的功能性，在设计时重点关注以下要点。

要点38：通过植物和小品的配置增强空间识别性

居住小区当中的景观绿地是居民识别空间方位的重要标志，因此在设计时，既要注重整体风格的统一，又要体现不同空间之间的差异性。例如，宅间绿地的设计就应注意突出不同组团之间的差异性，通过各具特色的景观小品或主题园林增强室外空间的识别性，避免过于同质化。

图 2-86　同质化的宅间绿地容易使老人迷失方向

通过植物的色彩对比增强空间识别性　　　通过设置景观小品增强空间识别性

图 2-87　通过园林景观设计增强空间识别性

要点 39：营造具有感官刺激作用的园林景观

科学研究表明，适度的感官刺激对于老人的身体健康具有重要作用，不但能够活跃大脑、延缓各项身体机能的衰退，而且有助于纾解压力、稳定情绪。

居住小区中的园林景观是进行感官刺激的重要媒介之一，设计时应尽可能从视觉、嗅觉、味觉、触觉、听觉等多个层面强化老人对于环境的认知。

以植物的选配为例，在视觉方面，应注意选择体形特征显著、色彩鲜艳对比度强、能够反映季节变化的植物，尽可能做到每个季节都有花开；在嗅觉方面，可选择具有宜人芳香气味的植物；在味觉方面，可种植一些果蔬类植物，供老人和居民采摘品尝；在触觉方面，可选择叶片质感较强的植物，使老人在与植物的互动过程获得不同的感受。此外，风吹植物叶片所发出的声音同样具有感官刺激作用。需要强调的是，有些植物虽然具有较好的感官刺激作用，但有毒或带刺，无法保证老人的安全，应避免使用。

因此，在进行小区环境设计时，应综合考虑以上各方面因素，合理选择和搭配小区环境当中的植物，并注意为老人与园林景观的互动创造条件，方便老人欣赏、触摸、采摘或进行园艺操作。

图 2-88 利用不同颜色、形态与香味的花朵刺激老人对自然的感知

图 2-89 抬高的花池靠近座椅布置便于老人在休息聊天的同时享受花草带来的愉悦

要点 40：合理设置草坪

对于行动较为不便的老人而言，在松软且不平整的草坪上走动较为困难，因此草坪活动并非必须，但有时可作为大型团体活动的备用空间。

居住小区的园林景观设计应尽量避免设置大面积的观赏性草坪，而应充分考虑园林景观与老人的互动性。

当草坪具有集体活动场地的功能时，应满足无障碍设计要求。草坪与广场、散步道等硬质铺装的地面交接处应位于同一高度相接，避免出现高度的突变。缘石与土层之间不宜有过大的高差，否则容易给来往的居民带来崴脚的危险。

草坪与道路交接时转弯半径应增大，便于乘坐轮椅或推行助步器的老人拐弯。

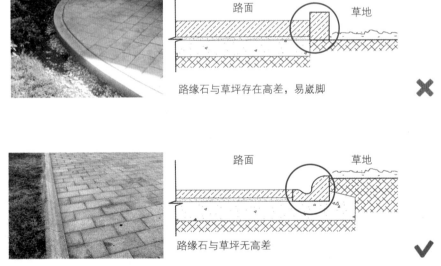

图 2-90 路缘石与草坪间有无高差的正误对比

图 2-91　增大草坪拐角处道路的转弯半径，以方便老人使用轮椅等助行器械通行

图 2-92　草坪与路面无高差相接，防止老人进入草坪时摔倒

（十一）标识系统

社区当中的标识系统主要包括小区入口的名称标识、社区平面指示图、方向指示牌、住宅楼栋号牌、单元入口标识牌、危险警示标识、消防疏散路线图，等等，主要起到提示和引导的作用，从适老化设计的角度应重点关注以下要点。

要点 41：形成连续、多层次的标识系统体系

社区当中的标识系统应形成一个完整的体系，通过多层次的设计起到连续的提示作用，方便老人从不同距离、不同角度观察了解到相应的提示信息。

例如，住宅楼栋指示牌就可分为三个层次，以确保从远、中、近不同距离都能通过标识准确找到目的地。首先，应在楼顶较高的位置用大号字体标出楼栋号，这有利于老人在远处清晰地辨别目的地位置，快速找到目标楼栋。其次，在楼栋一半偏下的高度位置应设有楼栋号码标识，以便走近楼栋后再次确认。最后，楼栋的每个单元应在不同方向设置楼号和单元号。

需要注意的是，标识系统的设置不宜间断或间距过大，否则将难以提供及时、连续的提示。

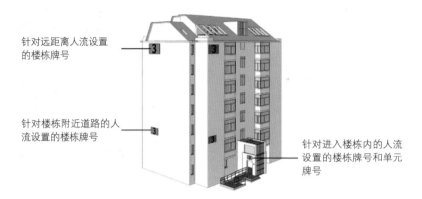

针对远距离人流设置的楼栋牌号

针对楼栋附近道路的人流设置的楼栋牌号

针对进入楼栋内的人流设置的楼栋牌号和单元牌号

图 2-93　住宅楼栋标识牌的设计要点

图 2-94　住宅楼栋标识牌的设计示例

要点 42：设在易于观察到的显著位置

● 标识设置的位置应当在建筑设计规划过程中就予以考虑，预留合理的、充分的空间。

● 标识系统应设置在主要流线附近易于观察到的显著位置，避免被建筑、树木以及门、窗等可移动构件遮挡。

小区总平面图置于小区出入口
附近的路旁，便于行人观看 ✔

楼栋出入口设置了处于人视线
高度的单元标识，容易被看到 ✔

图 2-95　标识系统应设置在较为显著的位置

● 　为便于老人识别，标识尺寸不宜过小。近距离的标识宜安装在人的平视视线高度，考虑到老人身体机能衰退、需要借助轮椅或助行器等特点，安装高度可适度降低。

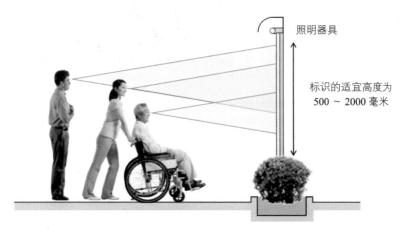

照明器具

标识的适宜高度为
500～2000 毫米

图 2-96　信息标识牌的高度尺寸示例

● 标识应尽量设置在环境亮度充足的位置，以保证老人能够正常辨认标识内容。如设置在夜间没有环境光源的位置，则应考虑增加辅助照明光源或采用灯箱的形式。

● 有条件时，应在水平和垂直两个方向都设置标识牌，以便从不同角度望过去都能够方便看到。

要点43：精准表达标识内容

为方便老年人识别和理解，标识内容应做到精炼、准确，不宜采用大段的复杂文字，可使用简明、形象的符号和图示作为文字标识的补充，使标示内容更易识别。此外，标识内容还应符合人们日常的认知习惯，避免引起歧义。

抽象化、图案化的楼号标识不易辨识　　　　　符合认知习惯的标识符号更易于老人理解

图 2-97　标识系统内容的设计示例

要点44：清晰呈现图文信息

受到视力减退的影响，老年人对标识内容的辨别能力会出现不同程度的下降，为方便老人识别，标识系统设计应做到图文明晰。

● 标识内容应使用统一的字体、色彩和图案，使之易于理解。

● 标识上的图文和背景应采用对比强烈的色彩，以尽可能突出标识上的信息，提高易识别性。实验表明，白色图文与黑色或深色背景的配色方案最易于识别。

   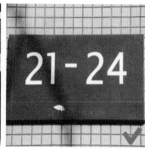

色彩对比不显著，不易识别　　　　　　　　　色彩对比强烈，易于识别

图2-98 标识系统图底配色的正误对比

● 标识上的文字宜采用没有装饰的加粗字体，文字不宜过度拉伸或压缩，字符间要留有空隙。实验表明，在相同的条件下，宋体和黑体的文字更有利于老人辨认。

● 为避免产生眩光影响老人辨识标识内容，标识系统不应使用玻璃、不锈钢等容易产生镜面反射的材料，而应尽量采用漫反射材料。

镜面反射材质的标识牌易产生眩光　　　　漫反射材料的标识牌易于看清

图2-99 标识系统材料的正误对比

● 为方便存在视力障碍的老人了解相关信息，可在易于触摸的位置设置盲文标识条，或突出的文字、图案、符号标识。也可采用声光提示等辅助设备，进一步加强标识的提示作用。

（十二）照明系统

良好的居住区照明设计对于保证老年人夜间的出行安全、提高室外活动场地的使用率具有重要作用，在布置照明设施时应重点关注以下要点。

要点45：适度提高环境光照度

由于老年人的视力衰退、周围视力下降，导致视野缩小，难以注意到眼前的物体，因此居住区室外环境的照明应适当提高环境光的照度，尽量减少黑暗面，使老人在室外活动时能够看清周边的环境，以确保安全。

此外，由于老人对颜色的辨别力较差，因此应采用显色效果较好的光源，使老人更好地辨别颜色。相关研究显示，采用照度较高、光色适宜的光源有助于改善老年人的视觉感受，高亮度荧光灯的效果优于传统白炽灯，红黄色的低频光优于蓝绿色的高频光。

要点46：关键区域布置重点照明

为提高老年人夜间室外活动的安全性和便利性，在保证各等级及功能分区整体照度满足功能性照明的基础上，在以下几个重点区域应适当增加照明灯具，提高照度水平。

首先是人员出入频繁或活动较为集中的区域，如住宅楼栋出入口、社区出入口、活动场地、休闲区等，可通过布置重点照明提高老人出行的安全性以及活动场地的利用效率。

社区广场设置灯具，提供良好的照明环境　　住宅楼栋出入口设置重点照明

图 2-100　人员活动密集区域设置重点照明

其次为存在安全隐患的区域，如高差变化的台阶、坡道附近，减速带、悬挂物、路缘石等突出构件的位置，水景边缘，等等。进行重点照明设计有助于老年人明确高差和障碍物边界，确保安全。

台阶处设置照明灯具，提示高差变化　　　　水域边缘设置灯具

图 2-101　存在安全隐患的区域应设置重点照明

最后为标识系统附近，如方向指示牌、警告标识牌等处，通过重点照明设计提升老人夜间对社区环境空间方位的识别性。

要点47：注意避免眩光

由于老人视觉生理调节能力下降，面对眩光后恢复视力速度降低，因此室外照明应注意避免眩光，以免给老人带来视觉上的不适感受，造成安全隐患。

设计时可从光源位置和灯具选型两个方面抑制眩光的产生。

首先，应合理控制入射光源的高度和角度，增加可有效利用的光源，减少障害光源和无用光源。

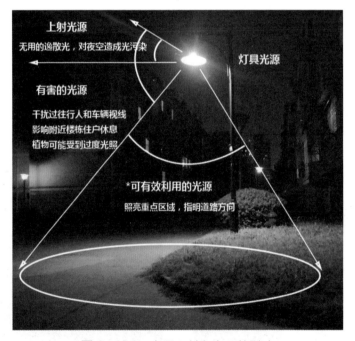

图 2-102 光源入射角度及其影响

其次，应选用适宜形式和材质的灯具，采用不透明或半透明灯罩遮挡直射灯光，制造柔和的漫射光或反射光。对于亮度、高度均较高的路灯，应选择截光型灯具或通过设置遮光板、遮光格栅避免逸散光影响临近楼栋中老人休息。

路灯选型不当，灯柱过高，炫光严重，且容易对临近　　　路灯遮光措施良好，能够有效照亮路面，
住宅室内产生光干扰　　　　　　　　　　　　　　　　　并遮挡逸散光

图 2-103 路灯选型的正误对比

要点48：保证照度均匀

由于老年人的视觉系统对亮度变化的适应能力下降，同一区域内的照明布置应保证照度均匀，为老人创造具有连续感的活动空间，避免因忽明忽暗产生眼部不适，甚至导致危险。设计时需要重点关注住宅楼栋出入口、消防通道等过渡空间，可通过配置辅助照明设备，平衡各空间的光照水平。

要点49：消除局部阴影

室外空间的照明设计应注意消除黑暗死角，可采用高低照明灯具相结合布置的方式，消除近身侧的阴影，利于老人辨别两侧道路轮廓，提高室外活动时的安全性。

要点50：通过分级照明方便老人识别方位

按照道路等级和功能分区对照明系统进行分级有利于老人在夜间室外活动时明晰自己的方位。例如，社区中的主要集散道路、次要道路、园路可通过不同的灯具形式、照明高度、照度和光色加以区分，以增强识别性。

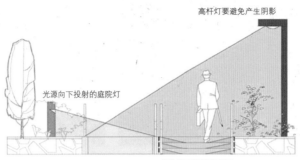

高杆灯要避免产生阴影

光源向下投射的庭院灯

台阶旁可设补光光源

图 2-104　采用高低照明灯具相结合的布置方式可消除阴影，提高老人夜间出行的安全性

园路　　　　　　　　　　人行道路　　　　　　　　　车行道路

图 2-105　分级道路室外照明示例

结　语

　　社区环境与老年人的日常生活息息相关，需要适老化的设计，以更好地满足老年人的需求。目前，在我国社区环境的建设当中，适老化设计的理念尚未得到广泛的应用与实践，建成环境中不适老的问题较为突出，需要社区工作者、物业管理人员、设计人员和施工团队等工作人员和全体社区居民共同努力，树立适老化设计的意识并付诸实践，大力推动适老环境的建设与改造。

　　适老社区环境所涉及的内容非常广泛，因本书篇幅所限，不能全部涵盖，笔者选取了最主要的 8 条原则和 50 条要点进行了具体的分析讲解。希望以通俗易懂的表现形式，面向尽可能广泛的读者群体，普及社区环境适老化设计的基础知识，帮助读者理解适老化设计的思路和理念，并将其运用到身边的老年宜居环境建设实践当中，为我国老年人创造更加美好的生活家园。

参考文献

[1] 周燕珉等 . 养老设施建筑设计详解 1[M]. 北京：中国建筑工业出版社，2018.

[2] 周燕珉等 . 住宅精细化设计 Ⅱ [M]. 北京：中国建筑工业出版社，2015.

[3] 周燕珉等 . 老年住宅 [M]. 北京：中国建筑工业出版社，2011.

[4] 王江萍 . 老年人居住外环境规划与设计 [M]. 北京：中国电力出版社，2009.

[5] 国家技术监督局，中华人民共和国建设部 . 城市居住区规划设计规范：GB 50180-1993[S]. 北京：中国建筑工业出版社，2016.

[6] 周燕珉教授主讲 MOOC 课程 .